Lizardo Reina

Innovaciones Tecnológicas en la Mecanización Agrícola

Lizardo Reina

Innovaciones Tecnológicas en la Mecanización Agrícola

Transformando el futuro del campo a través de la tecnología

Editorial Académica Española

Imprint
Any brand names and product names mentioned in this book are subject to trademark, brand or patent protection and are trademarks or registered trademarks of their respective holders. The use of brand names, product names, common names, trade names, product descriptions etc. even without a particular marking in this work is in no way to be construed to mean that such names may be regarded as unrestricted in respect of trademark and brand protection legislation and could thus be used by anyone.

Cover image: www.ingimage.com

Publisher:
Editorial Académica Española
is a trademark of
Dodo Books Indian Ocean Ltd. and OmniScriptum S.R.L publishing group

120 High Road, East Finchley, London, N2 9ED, United Kingdom
Str. Armeneasca 28/1, office 1, Chisinau MD-2012, Republic of Moldova, Europe
Managing Directors: Ieva Konstantinova, Victoria Ursu
info@omniscriptum.com

Printed at: see last page
ISBN: 978-620-0-03956-9

Innovaciones en la Mecanización Agrícola

Transformando el Futuro del Campo a Través de la Tecnología

por: LIZARDO REINA CASTRO

i

ÍNDICE

Introducción

En el vasto y dinámico mundo de la agricultura, la mecanización se ha convertido en un punto de inflexión crucial que transforma radicalmente la manera en que producimos alimentos. Este viaje fascinante nos transporta desde los antiguos métodos de labranza manual hasta la era de la agricultura inteligente, donde la tecnología y la innovación se fusionan para crear soluciones revolucionarias.

La agricultura, considerada tradicionalmente como una actividad netamente manual y artesanal, ha experimentado una metamorfosis impresionante en las últimas décadas. Las herramientas rudimentarias que nuestros antepasados utilizaban han sido reemplazadas gradualmente por máquinas sofisticadas que potencian la capacidad humana, incrementan la productividad y transforman paisajes enteros de producción agrícola.

Imagina por un momento los campos de hace cien años: agricultores trabajando desde el amanecer hasta el ocaso, utilizando únicamente la fuerza de sus músculos y la tracción animal para cultivar la tierra. Hoy, esos mismos espacios están poblados por tractores autónomos, drones que supervisan cultivos y sistemas de precisión que pueden determinar con milimétrica exactitud cada necesidad de la tierra.

Esta revolución tecnológica no surge de la nada. Es el resultado de décadas de investigación, desarrollo e inversión en tecnologías que buscan resolver los desafíos más apremiantes de la agricultura moderna: producir más alimentos con menos recursos, enfrentar el cambio climático y garantizar la seguridad alimentaria global.

La mecanización agrícola representa mucho más que simple modernización tecnológica. Es una respuesta estratégica a problemas complejos como el crecimiento poblacional, la escasez de tierras cultivables y los cambios drásticos en los patrones climáticos. Cada innovación tecnológica es un paso hacia un modelo de agricultura más eficiente, sostenible y resiliente.

Un elemento fundamental en esta transformación es la democratización tecnológica. Ya no son solo las grandes corporaciones o agricultores con enormes extensiones de tierra quienes pueden acceder a estas tecnologías. Pequeños y medianos productores están encontrando soluciones adaptadas a sus necesidades específicas, lo que genera un ecosistema de innovación más inclusivo y diverso.

La inteligencia artificial, la robótica, los sensores avanzados y las tecnologías de conectividad están redefiniendo completamente el concepto de agricultura. Un tractor moderno ya no es simplemente una máquina para mover tierra, sino un centro de procesamiento de datos que puede tomar decisiones en tiempo real, optimizando cada aspecto del proceso productivo.

Esta revolución tecnológica también está transformando el perfil del agricultor. Ya no es únicamente un trabajador manual, sino un gestor de tecnología, un profesional capaz de interpretar datos complejos, manejar sistemas tecnológicos avanzados y tomar decisiones estratégicas basadas en información precisa.

Sin embargo, la mecanización agrícola no está exenta de desafíos. La brecha tecnológica entre diferentes regiones, los costos de implementación, la necesidad de capacitación continua y la adaptación de tecnologías a contextos locales son aspectos que requieren atención y estrategias específicas.

Este libro es una invitación a comprender, explorar y apropiarse de esta revolución tecnológica que está reconfigurando nuestra relación con la producción de alimentos. Un viaje que nos muestra cómo la innovación, la creatividad y el compromiso pueden transformar radicalmente una de las actividades más antiguas de la humanidad.

Bienvenidos a este emocionante recorrido por las fronteras de la mecanización agrícola, donde cada página representa un paso hacia un futuro más sostenible, eficiente y prometedor para la agricultura mundial.

Capítulo 1 - Introducción a la Mecanización Agrícola

Fuente: Mecanización de la agricultura: En qué consiste y por qué es importante. Jacto (2023)

En el panorama agrícola contemporáneo, la implementación de nuevas tecnologías se ha convertido en un elemento crítico para transformar y potenciar la productividad del sector. La evolución tecnológica presenta un complejo entramado de beneficios y desafíos que requieren un análisis profundo y multidimensional.

Entre los beneficios más significativos se destaca la optimización de los procesos productivos. Las tecnologías emergentes permiten una precisión sin precedentes en las labores agrícolas, reduciendo drásticamente el margen de error humano. Los sistemas de geolocalización, sensores de alta precisión y algoritmos de inteligencia artificial facilitan una toma de decisiones fundamentada en datos concretos, lo que genera una mejora sustancial en la eficiencia operativa.

La agricultura de precisión representa una revolución que trasciende la mera automatización. Mediante el uso de tecnologías avanzadas, los agricultores pueden monitorear cada metro cuadrado de sus terrenos, identificando variaciones mínimas en humedad, nutrientes y condiciones del suelo. Esta capacidad permite una intervención selectiva, minimizando el uso de recursos como agua, fertilizantes y pesticidas, lo que no solo reduce costos, sino que también contribuye a prácticas más sostenibles y amigables con el medio ambiente.

Sin embargo, la implementación de estas tecnologías no está exenta de desafíos significativos. El primero y más evidente es el alto costo inicial de inversión. Las soluciones tecnológicas de vanguardia representan una erogación económica considerable que puede resultar prohibitiva para pequeños y medianos agricultores. Esta barrera económica genera una brecha tecnológica que podría profundizar las desigualdades en el sector agrícola.

Otro desafío fundamental es la necesidad de capacitación y adaptación. Las nuevas tecnologías requieren profesionales con habilidades técnicas especializadas. El agricultor tradicional debe transformarse en un gestor tecnológico capaz de interpretar datos complejos y operar sistemas digitales sofisticados. Esta transición implica programas de formación continuos y estrategias de transferencia de conocimiento que faciliten la apropiación tecnológica.

La infraestructura tecnológica también representa un obstáculo importante. Muchas regiones rurales carecen de la conectividad y el soporte técnico necesarios para implementar soluciones digitales avanzadas. La brecha digital entre zonas urbanas y rurales se traduce en limitaciones para acceder a herramientas que podrían revolucionar la producción agrícola.

La resistencia cultural al cambio es otro factor crítico. Generaciones de agricultores han desarrollado prácticas tradicionales transmitidas ancestralmente, y la introducción de tecnologías disruptivas puede generar escepticismo y rechazo. Es fundamental desarrollar estrategias de comunicación y demostración que evidencien los beneficios tangibles de estas innovaciones.

La seguridad de datos y la privacidad emergen como preocupaciones relevantes. La agricultura digital implica la generación y gestión de grandes volúmenes de información sensible sobre terrenos, rendimientos y estrategias productivas. Garantizar la protección de estos datos contra potenciales amenazas cibernéticas se convierte en un desafío estratégico.

A pesar de estos obstáculos, el potencial transformador de las nuevas tecnologías en la agricultura es innegable. La adopción progresiva y estratégica de soluciones tecnológicas no solo mejorará la productividad, sino que será fundamental para enfrentar los desafíos globales de seguridad alimentaria y sostenibilidad ambiental.

La clave está en un enfoque integral que equilibre innovación tecnológica, capacitación humana, inversión estratégica y sensibilidad cultural, construyendo un ecosistema agrícola más eficiente, resiliente y preparado para los desafíos del siglo XXI.

En la última década, la agricultura ha experimentado una revolución tecnológica sin precedentes, transformando radicalmente la manera en que se cultivan y producen alimentos. Las tecnologías emergentes en maquinaria agrícola representan un punto de inflexión crucial que está redefiniendo los paradigmas tradicionales de la producción agrícola.

Los vehículos autónomos se han convertido en uno de los avances más revolucionarios en este campo. Estos equipos, equipados con sistemas de GPS de alta precisión y algoritmos de inteligencia artificial, pueden navegar de manera independiente por los campos, realizando tareas como siembra, fumigación y cosecha con una precisión milimétrica. A diferencia de los tractores tradicionales, estos vehículos pueden operar de manera continua, minimizando la fatiga humana y optimizando los recursos.

Los drones agrícolas han emergido como herramientas fundamentales para el monitoreo y gestión de cultivos. Provistos de cámaras multiespectrales y sensores avanzados, estos dispositivos pueden realizar mapeos detallados de terrenos, identificar zonas con estrés hídrico, detectar plagas de manera temprana y evaluar la salud general de los cultivos. Su capacidad para cubrir grandes extensiones en períodos cortos representa una ventaja competitiva significativa para los agricultores modernos.

La inteligencia artificial (IA) se ha integrado profundamente en la maquinaria agrícola, permitiendo análisis predictivos y toma de decisiones automatizada. Los sistemas de IA pueden procesar enormes cantidades de datos provenientes de sensores, imágenes satelitales y registros históricos para generar recomendaciones precisas sobre siembra, riego, fertilización y control de plagas.

Un ejemplo destacado son los sistemas de agricultura de precisión que utilizan machine learning para adaptar estrategias de cultivo en tiempo real. Estos sistemas pueden ajustar parámetros como distribución de semillas, aplicación de fertilizantes e intensidad de riego según condiciones microclimáticas específicas de cada parcela.

Los tractores de nueva generación incorporan tecnologías de conectividad que les permiten comunicarse entre sí y con estaciones centrales de monitoreo. Mediante sistemas de internet de las cosas (IoT), estos equipos pueden compartir información instantánea sobre su rendimiento, consumo de combustible y estado mecánico, facilitando un mantenimiento predictivo y reduciendo tiempos de inactividad.

La robótica agrícola ha dado pasos agigantados con el desarrollo de robots especializados para tareas específicas. Existen ya prototipos capaces de realizar labores como desmalezado selectivo, cosecha de frutas con manipulación delicada y siembra de precisión, reduciendo significativamente la dependencia de mano de obra humana.

Los sensores embebidos en maquinaria moderna permiten un monitoreo constante de variables críticas. Pueden detectar niveles de humedad del suelo, composición nutricional, presencia de patógenos y variaciones microclimáticas con una precisión anteriormente impensable. Esta información se traduce en decisiones más estratégicas e inmediatas para los agricultores.

La implementación de estas tecnologías emergentes no está exenta de desafíos. La inversión inicial es considerable, y se requiere una transformación cultural en el sector agrícola para adoptar estas innovaciones. La capacitación del recurso humano y la generación de políticas de apoyo tecnológico son elementos cruciales para una implementación exitosa.

Sin embargo, el potencial es extraordinario. Estas tecnologías prometen incrementar la productividad agrícola, reducir el impacto ambiental, optimizar el uso de recursos y garantizar la seguridad alimentaria en un contexto global cada vez más complejo y demandante.

Capítulo 2 - Tecnologías Emergentes en Maquinaria Agrícola

Fuente: Tecnología y sector agrícola: qué hay y qué viene. Kaien Software (2024)

En el panorama actual de la agricultura, la inteligencia artificial (IA) se perfila como una herramienta revolucionaria capaz de transformar radicalmente los procesos de producción agrícola. Su capacidad para procesar grandes volúmenes de datos y generar insights precisos está redefiniendo la manera en que los agricultores abordan los desafíos tradicionales del campo.

La optimización de la producción agrícola mediante inteligencia artificial comienza con la capacidad de análisis predictivo. Los sistemas de IA pueden procesar información proveniente de múltiples fuentes, como imágenes satelitales, sensores de campo, datos meteorológicos y registros históricos de cultivos, para generar modelos predictivos sumamente precisos. Esta capacidad permite a los agricultores anticipar potenciales problemas y tomar decisiones estratégicas con mayor antelación.

Un ejemplo paradigmático lo constituyen los sistemas de visión computacional aplicados a la detección temprana de enfermedades en cultivos. Mediante algoritmos de aprendizaje profundo, estas tecnologías pueden identificar patrones microscópicos de afectación vegetal mucho antes que el ojo humano, permitiendo intervenciones preventivas que pueden salvar hectáreas completas de una potencial pérdida total.

La gestión inteligente de recursos hídricos representa otro campo donde la IA demuestra su potencial transformador. Algoritmos especializados pueden calcular con precisión milimétrica las necesidades hídricas de cada porción de terreno, considerando variables como composición del suelo, pendiente, microclima y estado vegetativo de los cultivos. Esto se traduce en riegos absolutamente personalizados que optimizan el consumo de agua, reducen desperdicios y maximizan la productividad.

Los sistemas de predicción de rendimiento constituyen otra aplicación crucial de la inteligencia artificial. Mediante modelos complejos que integran datos históricos, condiciones ambientales actuales y proyecciones climáticas, estos sistemas pueden estimar con remarkable precisión la producción esperada, facilitando la planificación estratégica de los agricultores.

La robótica agrícola inteligente representa otro frente de innovación donde la IA juega un papel fundamental. Tractores autónomos equipados con sistemas de navegación e interpretación del entorno pueden realizar tareas de siembra, fertilización y cosecha con una precisión y eficiencia nunca antes vista. Estos vehículos utilizan algoritmos de aprendizaje automático para adaptarse dinámicamente a las condiciones cambiantes del terreno.

La personalización de recomendaciones agronómicas es otro campo donde la inteligencia artificial despliega todo su potencial. Sistemas expertos pueden generar recomendaciones específicas para cada parcela, considerando su historia productiva, características edafológicas, microclima y potencial genético de los cultivos. Esto permite una agricultura verdaderamente de precisión, donde cada decisión está respaldada por análisis científicos.

Los beneficios de la IA en la agricultura no se limitan a la producción, sino que se extienden a toda la cadena de valor. Sistemas inteligentes pueden optimizar logística, predecir demandas de mercado, gestionar inventarios y hasta sugerir estrategias de comercialización basadas en análisis de tendencias y comportamientos de consumo.

Sin embargo, la implementación de estas tecnologías no está exenta de desafíos. La brecha digital, los costos de implementación y la necesidad de capacitación técnica representan obstáculos significativos para su adopción generalizada, especialmente en regiones con menor desarrollo tecnológico.

La integración de la inteligencia artificial en la agricultura no es simplemente una tendencia, sino una revolución que redefinirá la manera en que producimos alimentos en las próximas décadas, prometiendo soluciones innovadoras para alimentar a una población mundial en constante crecimiento.

En la actualidad, la agricultura se encuentra en un punto de inflexión donde la sostenibilidad no es solo una opción, sino una necesidad imperante. La mecanización agrícola moderna juega un papel fundamental en esta transformación, permitiendo que los agricultores implementen prácticas más responsables con el medio ambiente sin sacrificar la productividad.

Las nuevas tecnologías están rediseñando completamente el concepto de agricultura sostenible. Tractores híbridos, equipos con sistemas de precisión y maquinaria de bajo impacto ambiental están revolucionando la forma en que cultivamos alimentos.

Estas innovaciones no solo reducen la huella de carbono, sino que optimizan el uso de recursos naturales como agua y tierra.

Un ejemplo sobresaliente lo constituyen los tractores eléctricos, que eliminan completamente las emisiones de combustibles fósiles. Modelos como el Fendt e100 Vario representan el futuro de la mecanización agrícola verde, utilizando baterías de alta eficiencia que permiten jornadas completas de trabajo con cero emisiones directas.

La agricultura de precisión se ha convertido en una herramienta clave para la sostenibilidad. Sistemas de siembra inteligente pueden calcular exactamente la cantidad de semillas, fertilizantes y agua necesarios, reduciendo significativamente el desperdicio. Los sensores integrados en la maquinaria moderna monitorean constantemente las condiciones del suelo, permitiendo intervenciones precisas y minimizando el impacto ambiental.

Los sistemas de riego automatizados también están transformando la gestión del agua en la agricultura. Utilizando datos en tiempo real sobre humedad del suelo, temperatura y condiciones climáticas, estos sistemas pueden distribuir agua de manera sumamente eficiente, reduciendo hasta un 40% el consumo en comparación con métodos tradicionales.

La agricultura de conservación representa otro avance fundamental en mecanización sostenible. Equipos especializados permiten la siembra directa, reduciendo la erosión del suelo y preservando su estructura natural. Esta técnica no solo mejora la salud del ecosistema, sino que aumenta la capacidad de retención de carbono en los terrenos agrícolas.

Las cosechadoras modernas incorporan tecnologías que minimizan el impacto en los cultivos y el entorno. Sistemas de corte de precisión, neumáticos de baja presión y motores de alta eficiencia energética permiten recolectar con mínima intervención, protegiendo tanto la plantación como el suelo circundante.

La integración de energías renovables en la maquinaria agrícola está ganando terreno rápidamente. Tractores y equipos con paneles solares incorporados, o que pueden recargarse directamente mediante sistemas fotovoltaicos, representan una tendencia clara hacia la independencia energética en el campo.

Los robots agrícolas especializados en tareas específicas como desmalezado, monitoreo de cultivos y control de plagas sin químicos están demostrando que la tecnología puede ser un aliado fundamental de la agricultura sostenible. Estos dispositivos reducen la necesidad de intervenciones químicas, preservando los ecosistemas naturales.

La gestión de residuos agrícolas también ha evolucionado gracias a la mecanización moderna. Máquinas especializadas pueden transformar restos de cultivos en compost, biocombustibles o material para la generación de energía, cerrando el ciclo de producción y minimizando los desechos.

Esta revolución tecnológica no solo implica equipamiento, sino un cambio de mentalidad. Los agricultores están comprendiendo que la sostenibilidad no es un obstáculo para la productividad, sino una estrategia inteligente para garantizar la rentabilidad a largo plazo de sus explotaciones.

Capítulo 3 - Sostenibilidad y Mecanización

Fuente: GPS en tractores: Sistema de navegación avanzado. Adrian Mercado (2024)

En la era actual, la agricultura enfrenta el desafío de producir alimentos de manera sostenible mientras minimiza su impacto ambiental. Las innovaciones tecnológicas en maquinaria agrícola están transformando este panorama, ofreciendo soluciones que no solo aumentan la eficiencia productiva, sino que también protegen el medio ambiente.

Un ejemplo destacado es el desarrollo de tractores eléctricos que reducen significativamente las emisiones de carbono. Empresas como New Holland y John Deere han presentado modelos completamente eléctricos que eliminan por completo el consumo de combustibles fósiles durante las operaciones agrícolas. Estos tractores no solo disminuyen la huella de carbono, sino que también operan de manera más silenciosa y con menores costos de mantenimiento.

La agricultura de precisión representa otro avance fundamental en la sostenibilidad mecanizada. Los sistemas de siembra de precisión utilizan sensores y tecnología GPS para optimizar la distribución de semillas, fertilizantes y agua. Esta metodología permite una aplicación exacta de recursos, reduciendo el desperdicio y minimizando el impacto ambiental. Las sembradoras inteligentes pueden ajustar la densidad de siembra según las condiciones específicas de cada metro cuadrado del terreno, lo que resulta en un aprovechamiento más eficiente de los recursos.

Las máquinas de labranza de conservación han revolucionado las prácticas agrícolas tradicionales. A diferencia de los métodos convencionales que implican remover completamente el suelo, estas máquinas realizan siembra directa, preservando la estructura del suelo, reduciendo la erosión y manteniendo los niveles de materia orgánica. Este enfoque no solo mejora la salud del ecosistema agrícola, sino que también disminuye el consumo de combustible y la emisión de gases de efecto invernadero.

Los sistemas de pulverización inteligente representan otra innovación significativa. Utilizando cámaras y sensores de alta precisión, estos equipos identifican malezas específicas y aplican herbicidas de manera selectiva, reduciendo hasta un 90% el uso de químicos en comparación con los métodos tradicionales. Esta tecnología disminuye la contaminación del suelo y preserva la biodiversidad de los ecosistemas agrícolas.

Los drones agrícolas también han demostrado ser herramientas fundamentales para la sostenibilidad. Equipados con sensores multiespectrales, pueden monitorear la salud de los cultivos, detectar enfermedades de manera temprana y realizar aplicaciones precisas de tratamientos, minimizando el uso de productos químicos y optimizando los recursos.

La introducción de máquinas cosechadoras con sistemas de recuperación de semillas y minimización de pérdidas representa otro avance crucial. Estos equipos modernos pueden recuperar hasta un 98% de la producción, reduciendo significativamente el desperdicio y mejorando la eficiencia económica y ambiental.

Las innovaciones no se limitan únicamente a la maquinaria, sino que también incluyen sistemas de gestión inteligente. Plataformas de software integradas permiten a los agricultores realizar un seguimiento detallado de sus operaciones, midiendo y optimizando cada aspecto de la producción para lograr una agricultura más sostenible y eficiente.

La transformación hacia maquinaria más sostenible no es solo una tendencia tecnológica, sino una necesidad global para garantizar la seguridad alimentaria y proteger nuestros ecosistemas. Cada innovación representa un paso importante hacia una agricultura más responsable y comprometida con el medio ambiente.

En la era digital actual, la agricultura experimenta una transformación radical impulsada por la conectividad y el análisis de datos. Las plataformas tecnológicas están redefiniendo cada aspecto de la producción agrícola, convirtiendo lo que alguna vez fue un sector tradicional en un ecosistema altamente sofisticado e inteligente.

La digitalización agrícola ha emergido como una revolución silenciosa, donde cada hectárea se convierte en un universo de información procesable. Los sensores instalados en campos, maquinarias y sistemas de riego generan continuamente datos precisos sobre condiciones del suelo, niveles de humedad, comportamiento de cultivos y microclimas específicos. Esta información, procesada mediante algoritmos avanzados, permite a los agricultores tomar decisiones estratégicas con una precisión nunca antes imaginada.

Las plataformas de gestión agrícola constituyen el núcleo de esta transformación digital. Sistemas como AgTech Dashboard o CropConnect ofrecen interfaces intuitivas donde los agricultores pueden monitorear prácticamente todos los aspectos de su producción en tiempo real. Desde la predicción de rendimientos hasta la gestión de recursos hídricos, estas herramientas tecnológicas funcionan como verdaderos centros de control para la agricultura moderna.

La conectividad juega un papel fundamental en este nuevo paradigma. Mediante redes de Internet de las Cosas (IoT), los dispositivos agrícolas se comunican entre sí, generando un ecosistema de información continua. Un tractor equipado con GPS puede trabajar de manera autónoma, registrando cada movimiento y optimizando su ruta de labranza. Un drone puede sobrevolar plantaciones capturando imágenes multiespectrales que revelan la salud de los cultivos con una precisión milimétrica.

Los beneficios de la digitalización van más allá de la eficiencia operativa. La agricultura de precisión permite una gestión de recursos significativamente más sostenible. El uso inteligente de agua, fertilizantes y pesticidas reduce el impacto ambiental mientras maximiza la productividad. Los agricultores pueden ahora aplicar principios de agricultura de precisión, utilizando datos para intervenir únicamente donde y cuando sea necesario.

Las aplicaciones móviles han democratizado el acceso a esta información tecnológica. Un agricultor en una remota zona rural puede, mediante su smartphone, acceder a pronósticos meteorológicos detallados, recomendaciones de siembra y análisis de mercado. Estas herramientas digitales eliminan barreras tradicionales de información y conocimiento, nivelando los campos de juego para pequeños y grandes productores.

La analítica predictiva se está convirtiendo en una herramienta fundamental. Utilizando machine learning e inteligencia artificial, estas tecnologías pueden predecir potenciales plagas, estimar rendimientos con remarcable precisión y recomendar estrategias de cultivo basadas en patrones históricos y condiciones actuales.

Sin embargo, la digitalización agrícola no está exenta de desafíos. La brecha tecnológica entre agricultores con acceso a estas herramientas y aquellos sin recursos sigue siendo significativa. La inversión en infraestructura digital, capacitación y adaptación tecnológica será crucial para garantizar una transformación inclusiva.

La convergencia entre tecnología digital y agricultura representa más que una tendencia: es una necesidad global para garantizar seguridad alimentaria, sostenibilidad y eficiencia productiva en un mundo con demandas crecientes de alimentos.

Capítulo 4 - La Digitalización en la Agricultura

Fuente: Digitalización en la agricultura: la revolución del paradigma agroalimentario. Agbar (s.f)

En la era digital actual, la agricultura experimenta una transformación radical impulsada por plataformas tecnológicas que revolucionan la gestión y monitoreo de cultivos. Estas herramientas digitales representan mucho más que simples sistemas de información; constituyen verdaderos ecosistemas inteligentes que permiten a los agricultores tomar decisiones precisas y oportunas.

Las plataformas de agricultura de precisión se han convertido en aliadas estratégicas para optimizar los procesos productivos. Mediante la integración de múltiples tecnologías como sensores remotos, análisis de datos geoespaciales e inteligencia artificial, estos sistemas proporcionan información detallada y en tiempo real sobre las condiciones de los cultivos.

Un ejemplo destacado es el uso de sistemas de monitoreo basados en imágenes satelitales y drones. Estas tecnologías capturan información multiespectral que permite evaluar la salud vegetal, detectar estrés hídrico, identificar posibles plagas o enfermedades y predecir rendimientos con una precisión sorprendente. Los agricultores pueden ahora visualizar mapas dinámicos que muestran variaciones milimétricas dentro de un mismo campo.

Los sistemas de gestión de datos agrícolas han evolucionado significativamente. Plataformas como Climate FieldView, AgLeader y John Deere Operations Center permiten a los productores registrar y analizar información desde dispositivos móviles. Estos sistemas integran datos de maquinaria, clima, suelo y rendimiento, generando informes comprehensivos que facilitan la toma de decisiones estratégicas.

La conectividad juega un papel fundamental en estas innovaciones. Las redes 5G y sistemas de Internet de las Cosas (IoT) posibilitan la comunicación instantánea entre dispositivos, sensores y sistemas de gestión. Un tractor puede ahora transmitir información sobre su consumo de combustible, ubicación y rendimiento en tiempo real, mientras sistemas inteligentes procesan esta información para optimizar su desempeño.

Los sistemas de riego inteligente representan otro avance tecnológico significativo. Utilizando sensores de humedad integrados con estaciones meteorológicas y algoritmos predictivos, estos sistemas calculan precisamente las necesidades hídricas de cada zona del campo. De esta manera, se logra un uso eficiente del agua, reduciendo desperdicios y mejorando la productividad.

La analítica predictiva se ha convertido en una herramienta estratégica para los agricultores modernos. Mediante machine learning y big data, estas plataformas pueden predecir escenarios futuros con sorprendente precisión. Un ejemplo es la predicción de rendimientos, donde se combinan datos históricos, condiciones climáticas actuales y variables ambientales para estimar la producción con márgenes de error mínimos.

La georreferenciación y los sistemas de información geográfica (SIG) permiten un mapeo detallado de los terrenos agrícolas. Los agricultores pueden identificar variaciones de suelo, topografía y microclimas, adaptando sus estrategias de siembra y manejo de cultivos con una precisión sin precedentes.

La seguridad y privacidad de los datos se ha convertido en un aspecto crítico. Las mejores plataformas implementan protocolos de encriptación avanzados y sistemas de gestión de accesos que garantizan la confidencialidad de la información sensible del productor.

Estas innovaciones tecnológicas no solo mejoran la eficiencia productiva, sino que también contribuyen a una agricultura más sostenible, permitiendo un uso racional de recursos y minimizando el impacto ambiental.

En el panorama actual de la agricultura, la formación y capacitación de los agricultores se ha convertido en un componente estratégico fundamental para impulsar la transformación tecnológica del sector. La revolución digital y tecnológica demanda profesionales agrícolas cada vez más preparados, capaces de integrar conocimientos tradicionales con herramientas de alta tecnología.

Las instituciones educativas y los centros de capacitación están experimentando una profunda metamorfosis para responder a las nuevas demandas del campo. Ya no basta con conocer técnicas tradicionales de siembra y cultivo; hoy se requieren profesionales multidisciplinarios con sólidas competencias digitales, comprensión de sistemas de información geográfica, manejo de drones, interpretación de datos satelitales y conocimientos de robótica agrícola.

Las universidades y escuelas técnicas están diseñando programas académicos innovadores que combinan formación agronómica tradicional con tecnologías de vanguardia. Carreras como Agronomía Digital, Agricultura de Precisión e Ingeniería Agroindustrial 4.0 se están convirtiendo en opciones educativas que forman profesionales altamente competitivos.

La capacitación tecnológica no se limita únicamente a jóvenes estudiantes. Los agricultores experimentados también requieren procesos de actualización continua. Programas de reconversión profesional, cursos en línea, talleres prácticos y certificaciones especializadas están permitiendo que agricultores de diferentes generaciones se adapten rápidamente a las nuevas tecnologías.

Las plataformas digitales juegan un papel fundamental en este proceso de formación. Cursos virtuales, webinars, simuladores tecnológicos y comunidades de aprendizaje en línea están democratizando el acceso al conocimiento especializado. Un agricultor en una remota zona rural puede hoy acceder a capacitación de primer nivel utilizando simplemente un dispositivo con conexión a internet.

La colaboración entre sector público, privado y académico está siendo clave para diseñar estrategias integrales de formación. Empresas tecnológicas, universidades, gobiernos y organizaciones de desarrollo rural están aunando esfuerzos para crear ecosistemas de capacitación que respondan a las necesidades reales del sector agrícola.

Las habilidades que debe desarrollar el agricultor del futuro van más allá de lo técnico. Se requieren profesionales con pensamiento crítico, capacidad de adaptación, creatividad para resolver problemas complejos y una mentalidad abierta a la innovación constante. La resiliencia y la capacidad de aprendizaje continuo se han convertido en competencias tan importantes como el conocimiento técnico específico.

Los desafíos son significativos. La brecha digital en zonas rurales, el limitado acceso a tecnología y la resistencia cultural al cambio representan obstáculos importantes. Sin embargo, las nuevas generaciones de agricultores están demostrando una apertura impresionante hacia la transformación tecnológica, visualizando la agricultura no solo como una tradición, sino como una profesión de vanguardia.

Los programas de formación actuales buscan también desarrollar una conciencia profunda sobre sostenibilidad, cambio climático y responsabilidad ambiental. El agricultor del futuro no será solo un productor de alimentos, sino un gestor ecosistémico comprometido con la preservación de los recursos naturales y la seguridad alimentaria global.

La inversión en educación y capacitación se perfila como la estrategia más importante para impulsar la transformación tecnológica del campo, formando profesionales capaces de liderar la revolución agrícola del siglo XXI.

Capítulo 5 - La Formación del Agricultor del Futuro

Fuente: Agricultores bien formados y tecnología: claves para el futuro del campo. Valencia Fruits (2022).

En el vertiginoso mundo agrícola contemporáneo, la transformación digital ha dejado de ser una opción para convertirse en una necesidad imperante. Los agricultores ya no pueden concebir su labor como una actividad puramente tradicional, sino como un ecosistema complejo donde la tecnología y el conocimiento se entrelazan para potenciar la productividad y sostenibilidad.

La capacitación se ha convertido en el pilar fundamental para preparar a los agricultores ante este nuevo panorama tecnológico. Las iniciativas actuales buscan no solo transmitir conocimientos técnicos, sino desarrollar una mentalidad adaptativa y abierta a la innovación constante. Se trata de formar profesionales capaces de interpretar datos, manejar tecnologías avanzadas y tomar decisiones estratégicas basadas en información precisa.

Diversas instituciones y organizaciones están implementando programas especializados que combinan formación teórica con experiencia práctica. Universidades agrícolas, centros de investigación y organismos gubernamentales están diseñando currículos innovadores que incluyen módulos sobre agricultura de precisión, manejo de sistemas de información geográfica, operación de maquinaria autónoma y análisis de big data agrícola.

Estas iniciativas de formación contemplan diferentes niveles y modalidades. Desde cursos cortos de actualización tecnológica hasta programas de especialización y posgrado, se busca atender las necesidades de agricultores con distintos perfiles y experiencias previas. La virtualidad ha jugado un papel crucial, permitiendo que agricultores de zonas rurales más apartadas puedan acceder a contenidos de alta calidad sin necesidad de desplazarse.

Los componentes fundamentales de estos programas formativos incluyen:

1. Alfabetización digital

2. Manejo de herramientas tecnológicas

3. Interpretación de datos agrícolas

4. Gestión de sistemas de monitoreo

5. Implementación de estrategias de agricultura de precisión

Un elemento diferenciador de estas nuevas iniciativas es su enfoque práctico y contextualizado. No se trata solo de enseñar tecnologías, sino de comprender cómo implementarlas de manera eficiente en contextos específicos, considerando las particularidades de cada región, tipo de cultivo y escala productiva.

Las empresas tecnológicas y fabricantes de maquinaria agrícola también están jugando un papel fundamental en esta transformación. Muchas han desarrollado programas de capacitación y certificación que complementan la formación académica tradicional, ofreciendo a los agricultores la posibilidad de especializarse en el manejo de equipos y sistemas específicos.

La colaboración público-privada se ha convertido en un modelo exitoso para impulsar estas iniciativas formativas. Gobiernos, universidades, empresas tecnológicas y organizaciones de agricultores trabajan de manera coordinada para diseñar e implementar estrategias educativas que respondan a las necesidades reales del sector.

Un desafío importante es lograr que estos programas sean accesibles para pequeños y medianos agricultores, quienes históricamente han tenido menos oportunidades de actualización tecnológica. Por ello, se están desarrollando modelos de formación flexible, con costos subsidiados y metodologías que faciliten el aprendizaje.

La transformación del agricultor no es solo tecnológica, sino también cultural. Se busca desarrollar profesionales con pensamiento crítico, capacidad de innovación y adaptabilidad, conscientes de los desafíos ambientales y sociales que enfrenta la agricultura contemporánea.

El sector agrícola se encuentra en un punto de inflexión crítico donde los desafíos tecnológicos convergen con enormes oportunidades de transformación. La mecanización agrícola moderna no solo representa una evolución técnica, sino una verdadera revolución que reconfigura integralmente los procesos productivos tradicionales.

Entre los principales retos identificados, emerge con claridad la barrera económica para la adopción de tecnologías avanzadas. Los pequeños y medianos agricultores frecuentemente encuentran prohibitivo el costo inicial de equipamiento de alta tecnología. Las inversiones en maquinaria autónoma, sistemas de inteligencia artificial y sensores especializados pueden superar ampliamente su capacidad financiera, generando una potencial brecha tecnológica que podría agudizar las desigualdades en el sector agrícola latinoamericano.

La resistencia cultural al cambio constituye otro desafío fundamental. Muchos agricultores, especialmente de generaciones más tradicionales, mantienen escepticismo hacia las innovaciones tecnológicas. La transformación requiere no solo inversión económica, sino también un profundo proceso de capacitación y sensibilización que permita comprender el valor agregado de estas nuevas herramientas.

La infraestructura tecnológica representa otro obstáculo significativo. Numerosas zonas rurales en América Latina aún carecen de conectividad digital robusta, limitando la implementación de soluciones tecnológicas avanzadas. La brecha de conectividad impide el despliegue integral de sistemas de agricultura de precisión, computación en la nube y monitoreo remoto de cultivos.

Sin embargo, estas limitaciones también generan extraordinarias oportunidades de innovación. La digitalización agrícola permite optimizar recursos, reducir costos operativos y aumentar significativamente la productividad. Los sistemas de agricultura de precisión posibilitan un uso más eficiente de fertilizantes, agua y energía, contribuyendo directamente a modelos de producción más sostenibles.

La integración de tecnologías como machine learning, sensores inteligentes y sistemas de georreferenciación está transformando la toma de decisiones agrícolas. Los agricultores pueden ahora acceder a información detallada sobre condiciones de suelo, predicciones climáticas y recomendaciones personalizadas en tiempo real, reduciendo márgenes de error y mejorando la planificación estratégica.

Las nuevas generaciones de agricultores emergen como principales catalizadores de esta transformación. Profesionales con formación técnica y mayor apertura tecnológica están implementando modelos híbridos que combinan conocimiento tradicional con soluciones de vanguardia. Esta intersección entre experiencia ancestral y tecnología contemporánea representa uno de los caminos más prometedores para la agricultura latinoamericana.

El desarrollo de ecosistemas de innovación, con participación de universidades, empresas tecnológicas y organizaciones gubernamentales, será fundamental para superar los desafíos actuales. La colaboración interdisciplinaria permitirá diseñar soluciones adaptadas a las realidades locales, considerando la diversidad geográfica y socioeconómica de nuestra región.

En conclusión, la mecanización agrícola no representa únicamente una tendencia tecnológica, sino una verdadera revolución que redefinirá los paradigmas de producción alimentaria. Los retos son significativos, pero las oportunidades resultan aún más esperanzadoras, dibujando un horizonte donde la innovación, la sostenibilidad y la eficiencia confluyen para transformar integralmente el sector agrícola latinoamericano.

Capítulo 6 - Retos y Oportunidades de la Mecanización Agrícola

Fuente: La Nuevas Tecnologías Implementadas en Economías Sociales. De la Torre (2024)

Los desafíos que enfrenta la mecanización agrícola moderna son complejos, pero también representan un terreno fértil para extraordinarias oportunidades de transformación sectorial. La innovación tecnológica está redefiniendo los límites tradicionales de la producción agrícola, generando un ecosistema de posibilidades que van mucho más allá de la simple modernización de maquinaria.

Una de las principales oportunidades emergentes radica en la integración de tecnologías de precisión que permitirán una optimización sin precedentes de los recursos. Los sistemas de agricultura de precisión, combinados con inteligencia artificial y datos geoespaciales, posibilitarán una gestión agrícola completamente personalizada. Cada parcela podrá ser tratada según sus características específicas, maximizando rendimientos y minimizando el consumo de insumos.

La democratización tecnológica será otro factor fundamental. Las soluciones de mecanización ya no serán exclusivas de grandes corporaciones o latifundios, sino que progresivamente llegarán a pequeños y medianos productores. Plataformas modulares, equipamientos escalables y soluciones financieras innovadoras facilitarán el acceso a tecnologías que hasta hace poco parecían inalcanzables.

El desarrollo de maquinaria híbrida y multifuncional representa otra línea de oportunidades extraordinaria. Los nuevos equipos agrícolas no solo ejecutarán tareas específicas, sino que integrarán múltiples funcionalidades: siembra, monitoreo ambiental, recolección de datos, análisis de suelo y hasta tareas de mantenimiento predictivo. Esta evolución reducirá significativamente costos operativos y aumentará la eficiencia global de los procesos productivos.

La conectividad será un elemento transformador. Los equipos agrícolas del futuro operarán como nodos de una red inteligente, compartiendo información en tiempo real, autoadaptándose a condiciones cambiantes y permitiendo una coordinación sin precedentes entre diferentes unidades productivas. La agricultura dejará de ser un proceso fragmentado para convertirse en un ecosistema completamente interconectado.

Las oportunidades también se extenderán al ámbito laboral. Contrario a percepciones tradicionales, la mecanización no eliminará empleos, sino que los redefinirá. Surgirán nuevos perfiles profesionales especializados en gestión tecnológica, análisis de datos agrícolas, mantenimiento de sistemas robóticos y consultoría en transformación digital rural.

La inclusión de comunidades tradicionalmente marginadas será otro horizonte prometedor. Tecnologías de bajo costo, adaptables a contextos locales, permitirán que comunidades indígenas, pequeños agricultores y zonas rurales históricamente postergadas puedan acceder a herramientas de alta tecnología, generando procesos de empoderamiento económico y desarrollo sustentable.

La sostenibilidad ambiental también emerge como un campo de enormes oportunidades. Las innovaciones en mecanización no solo buscarán incrementar productividad, sino minimizar el impacto ecológico. Maquinarias de ultra precisión, con capacidad de reducir el uso de agroquímicos, optimizar el consumo de agua y preservar la biodiversidad, serán fundamentales para una agricultura verdaderamente regenerativa.

El desarrollo de estas oportunidades requerirá, sin embargo, un enfoque sistémico. Será necesario articular esfuerzos entre sector público, privado, comunidades académicas y organizaciones de productores para construir un ecosistema de innovación verdaderamente inclusivo y transformador.

En el dinámico mundo de la agricultura moderna, los casos de éxito en mecanización representan mucho más que simples anécdotas tecnológicas; son testimonios concretos de transformación productiva y resilencia empresarial. Estos ejemplos demuestran cómo la innovación tecnológica puede realmente revolucionar las prácticas agrícolas tradicionales.

En la región de Mendoza, Argentina, el caso de la familia Rodríguez resulta particularmente ilustrativo. Su viñedo, tradicionalmente administrado con métodos manuales, experimentó una metamorfosis radical tras implementar sistemas de agricultura de precisión. Utilizando drones equipados con sensores multiespectrales, lograron optimizar el riego, reducir el consumo de agua en un 40% y mejorar significativamente la calidad de la uva.

El agricultor Carlos Martínez, en el estado de Sinaloa, México, presenta otro ejemplo revelador. Su inversión en tractores autónomos con sistemas GPS de última generación transformó completamente su producción de maíz. Estos vehículos, programados con algoritmos de navegación inteligente, permitieron una siembra más precisa, reduciendo el desperdicio de semillas y fertilizantes hasta en un 25%.

En Brasil, el proyecto agrícola de la cooperativa de pequeños productores del estado de Paraná demostró que la mecanización no es exclusiva de grandes empresas. Mediante una estrategia colaborativa, adquirieron maquinaria de uso compartido con tecnología de punta, incluyendo sembradoras de precisión y sistemas de monitoreo remoto. Este modelo permitió a agricultores familiares acceder a tecnologías que individualmente resultarían prohibitivamente costosas.

La experiencia chilena en la región del Maule ofrece otra perspectiva fascinante. Un consorcio de productores frutícolas implementó robots recolectores especializados, diseñados para trabajar en terrenos con pendientes pronunciadas. Estos dispositivos no solo mejoraron la eficiencia de la recolección, sino que también redujeron significativamente los riesgos laborales asociados a tareas manuales en zonas complejas.

Un caso particularmente innovador proviene de Colombia, específicamente del departamento del Valle del Cauca. Un joven empresario agrícola desarrolló un sistema integrado que combina drones de monitoreo, sensores de suelo y una plataforma de inteligencia artificial para gestionar cultivos de caña de azúcar. Su metodología permite una intervención casi quirúrgica: identificar zonas específicas que requieren riego, fertilización o tratamiento fitosanitario.

Estos casos comparten características fundamentales: inversión estratégica en tecnología, visión de largo plazo y una comprensión profunda de que la mecanización va más allá de adquirir maquinaria costosa. Representa una filosofía de trabajo que integra datos, precisión y sostenibilidad.

Las lecciones aprendidas de estas experiencias son múltiples. En primer lugar, la tecnología no reemplaza el conocimiento agrícola tradicional, sino que lo potencia. En segundo término, la inversión inicial, aunque significativa, genera retornos económicos y ambientales importantes. Finalmente, demuestra que la mecanización puede ser una herramienta democratizadora, permitiendo que pequeños y medianos productores compitan en igualdad de condiciones.

La diversidad geográfica de estos ejemplos demuestra que la revolución tecnológica agrícola no es un fenómeno localizado, sino una tendencia continental con profundas implicaciones para la seguridad alimentaria y el desarrollo económico de América Latina.

Capítulo 7 - Casos de Éxito en la Mecanización Agrícola

Fuente: Cómo la tecnología apoya la agricultura. Revista Innovación (2023).

En el corazón de la revolución tecnológica agrícola, los casos de éxito emergen como faros de esperanza e innovación, revelando el increíble potencial transformador de la mecanización moderna. Presentamos a continuación experiencias concretas que ilustran cómo la adopción estratégica de nuevas tecnologías puede revolucionar completamente la práctica agrícola tradicional.

Un ejemplo paradigmático lo constituye la experiencia de la familia Rodríguez, agricultores de la región pampeana argentina, quienes implementaron un sistema integral de agricultura de precisión en su campo de 500 hectáreas. Mediante la incorporación de tractores equipados con GPS de última generación y sensores de rendimiento, lograron optimizar cada etapa del proceso productivo.

La implementación inicial representó una inversión significativa de aproximadamente 250,000 dólares, que inicialmente generó cierta incertidumbre entre los miembros más tradicionales de la familia. Sin embargo, los resultados obtenidos en los primeros dos años fueron contundentes: un incremento del 37% en la eficiencia productiva y una reducción del 22% en los costos operativos.

Los sensores instalados en la maquinaria permitieron un monitoreo detallado de variables fundamentales como humedad del suelo, niveles de nutrientes y condiciones microclimáticas. Esta información, procesada mediante algoritmos de inteligencia artificial, generó recomendaciones precisas sobre siembra, fertilización y cosecha.

Otro caso destacable proviene de la región del Maule en Chile, donde un consorcio de pequeños agricultores implementó tecnología de drones para el monitoreo de cultivos. La inversión compartida les permitió acceder a herramientas que individualmente hubieran resultado prohibitivas.

Los drones equipados con cámaras multiespectrales realizaban relevamientos semanales, identificando tempranamente zonas con estrés hídrico, presencia de plagas o deficiencias nutricionales. Este sistema les permitió intervenir de manera preventiva, reduciendo significativamente las pérdidas por problemas fitosanitarios.

La implementación tecnológica no se limitó exclusivamente a la maquinaria, sino que comprendió también una transformación integral en la gestión. Los agricultores debieron capacitarse en nuevas habilidades digitales, participando en programas especializados que les permitieron apropiar completamente las nuevas herramientas.

Entre las lecciones más importantes extraídas de estos casos de éxito, destacan:

1. La importancia de una visión estratégica que integre tecnología con conocimiento tradicional

2. La necesidad de inversión en capacitación continua

3. La apertura a modelos colaborativos que democraticen el acceso tecnológico

4. La comprensión de la tecnología como una herramienta, no como un fin en sí misma

Los resultados obtenidos demuestran que la mecanización agrícola moderna no solo implica incorporar equipamiento sofisticado, sino desarrollar una mentalidad de innovación permanente. La tecnología se convierte así en un aliado fundamental para enfrentar desafíos crecientes como el cambio climático, la seguridad alimentaria y la sostenibilidad ambiental.

La transformación no es instantánea ni uniforme. Cada experiencia representa un camino único, moldeado por características locales, capacidad de inversión y apertura al cambio. No obstante, estos casos confirman que la agricultura del siglo XXI será inevitablemente digital, conectada e inteligente.

El futuro de la mecanización agrícola se perfila como un horizonte revolucionario donde la convergencia tecnológica transformará radicalmente la forma en que producimos alimentos. La próxima década será fundamental para comprender cómo las innovaciones tecnológicas redefinirán los procesos agrícolas tradicionales, integrando sistemas cada vez más complejos e inteligentes.

La agricultura del futuro se caracterizará por una simbiosis cada vez más estrecha entre tecnología, sostenibilidad y eficiencia productiva. Las nuevas generaciones de maquinaria agrícola no solo se enfocarán en incrementar la producción, sino también en optimizar recursos, minimizar el impacto ambiental y adaptar los procesos a las condiciones cambiantes del planeta.

Las proyecciones indican que la inteligencia artificial y el aprendizaje automático serán pilares fundamentales en esta transformación. Los sistemas de agricultura de precisión utilizarán algoritmos predictivos capaces de analizar múltiples variables simultáneamente: condiciones del suelo, microclimas, necesidades nutricionales de los cultivos y potenciales riesgos fitosanitarios. Estos sistemas permitirán tomar decisiones en tiempo real con una precisión hasta ahora inimaginable.

La conectividad será otro elemento disruptivo. Los equipos agrícolas se comunicarán entre sí y con plataformas centralizadas, generando ecosistemas de información que optimizarán cada etapa del proceso productivo. Los tractores, cosechadoras y equipos especializados funcionarán como nodos de una red inteligente que maximizará la eficiencia operativa.

La robótica autónoma experimentará un crecimiento exponencial. Pequeños robots especializados realizarán tareas específicas como siembra de precisión, control de malezas selectivo y monitoreo sanitario de cultivos. Estos dispositivos consumirán significativamente menos recursos que la maquinaria tradicional y podrán trabajar de manera continua, reduciendo tiempos y costos operativos.

La personalización de maquinaria será otra tendencia importante. Los fabricantes desarrollarán equipos modulares y adaptables que puedan configurarse según necesidades específicas de cada región o tipo de cultivo. Esta flexibilidad permitirá a pequeños y medianos agricultores acceder a tecnologías avanzadas sin inversiones excesivas.

Las tecnologías de edición genética y biotecnología complementarán estos avances tecnológicos, desarrollando cultivos más resistentes y adaptables. La sinergia entre mecanización y mejoramiento genético potenciará rendimientos y reducirá la vulnerabilidad de los sistemas productivos ante cambios climáticos.

Para impulsar esta transformación, será fundamental establecer políticas públicas que faciliten la adopción tecnológica. Los gobiernos deberán generar marcos regulatorios flexibles, incentivos fiscales y programas de capacitación que permitan una transición ordenada hacia la agricultura del futuro.

La inversión en infraestructura digital será critical. Las zonas rurales requerirán conectividad de alta velocidad, plataformas de transferencia tecnológica y ecosistemas de innovación que conecten centros de investigación, universidades y sectores productivos.

Los agricultores serán los verdaderos protagonistas de esta revolución. Su capacidad de adaptación, apertura a la innovación y disposición para capacitarse continuamente determinarán el éxito de estas transformaciones. La mecanización agrícola del futuro no será únicamente tecnológica, sino profundamente humana.

Capítulo 8 - Futuro de la Mecanización Agrícola

Fuente: El futuro de la agricultura: descubra las inversiones estratégicas de los agricultores visionarios.
Andrea Restrepo (2023).

En el horizonte de la agricultura moderna, la mecanización se perfila como una estrategia fundamental para transformar la productividad y sostenibilidad del sector agrícola en diferentes regiones del mundo. La adopción de tecnologías mecanizadas no será un proceso uniforme, sino que requerirá estrategias adaptadas a las particularidades de cada contexto geográfico, económico y social.

Para América Latina, la hoja de ruta hacia la mecanización integral debe contemplar múltiples dimensiones. En primer término, resulta crucial diseñar políticas públicas que faciliten el acceso a tecnología para pequeños y medianos agricultores. Los gobiernos pueden implementar líneas de crédito preferenciales, subsidios parciales y programas de cofinanciamiento que reduzcan las barreras económicas para la adquisición de maquinaria moderna.

Las regiones con economías agrícolas emergentes necesitarán un enfoque gradual. En zonas como la región andina o el nordeste brasileño, donde predominan las pequeñas explotaciones, será estratégico promover modelos de mecanización compartida. Las cooperativas agrícolas pueden convertirse en plataformas ideales para administrar equipos tecnológicos que beneficien a múltiples productores, distribuyendo los costos de inversión inicial.

La transferencia tecnológica será otro componente crítico. Las universidades, centros de investigación agrícola e instituciones técnicas deben desarrollar programas intensivos de capacitación que no solo enseñen el manejo operativo de nueva maquinaria, sino que también desarrollen competencias digitales y de análisis de datos en los agricultores. La formación debe ser práctica, contextualizada y con metodologías que faciliten la apropiación tecnológica.

Un aspecto fundamental será la adaptación tecnológica a microclimas y condiciones agro productivas específicas. No existe un modelo único de mecanización, sino soluciones personalizadas. Para la región amazónica, por ejemplo, se requerirán equipos ligeros que minimicen el impacto ambiental; mientras que en las grandes planicies de Argentina o Brasil, los sistemas de agricultura de precisión con maquinaria de alto rendimiento serán más apropiados.

La inversión en infraestructura tecnológica será igualmente determinante. Los países deben modernizar sus sistemas de conectividad rural, especialmente en zonas remotas, para permitir la integración de tecnologías basadas en internet de las cosas (IoT), sensores y sistemas de monitoreo en tiempo real. La conectividad no es un lujo, sino una condición habilitante para la agricultura inteligente.

La colaboración internacional también jugará un rol preponderante. Los organismos multilaterales, fundaciones y centros de investigación globales pueden apoyar mediante transferencia de conocimientos, financiamiento y desarrollo de pilotos tecnológicos adaptados a cada realidad regional. La cooperación Sur-Sur será especialmente valiosa para compartir experiencias entre países con desafíos agrícolas similares.

La transformación digital del agro requiere, además, un cambio cultural. Es fundamental desmitificar que la mecanización reemplaza al agricultor, y en cambio, posicionarla como una herramienta de empoderamiento que potencia sus capacidades productivas. La comunicación y sensibilización serán claves para generar una adopción tecnológica armoniosa.

Finalmente, será esencial desarrollar marcos regulatorios flexibles que promuevan la innovación sin comprometer la seguridad laboral ni los ecosistemas. La mecanización debe ser un proceso inclusivo que beneficie a comunidades rurales completas, generando nuevas oportunidades de empleo calificado y mejorando sustancialmente la calidad de vida de los agricultores.

El futuro de la mecanización agrícola se perfila como un horizonte fascinante donde la tecnología y la producción alimentaria convergen de manera revolucionaria. La transformación del sector agrícola no será simplemente un proceso gradual, sino una verdadera revolución que redefinirá cómo entendemos la producción de alimentos a nivel global.

Las proyecciones tecnológicas indican que los próximos años verán una integración cada vez más profunda entre sistemas digitales, robótica e inteligencia artificial en el campo. Los agricultores transitarán de ser simples operarios a verdaderos gestores tecnológicos, capaces de manejar sistemas complejos que optimizan cada aspecto de la producción agrícola.

La agricultura de precisión será el eje central de esta transformación. Sistemas de monitoreo en tiempo real, utilizando sensores de última generación, permitirán un control milimétrico de variables como humedad del suelo, estado nutricional de los cultivos, presencia de plagas y condiciones microclimáticas. Estos datos se procesarán mediante algoritmos de inteligencia artificial que tomarán decisiones automatizadas y precisas.

Las maquinarias agrícolas del futuro serán completamente autónomas e interconectadas. Tractores sin conductor, equipados con sistemas de navegación satelital y sensores de alta precisión, podrán trabajar de manera continua, adaptándose dinámicamente a las condiciones del terreno. Estos vehículos no solo realizarán tareas de labranza, siembra y cosecha, sino que también recopilarán información constantemente para optimizar futuros procesos.

La robótica juega un papel fundamental en esta revolución tecnológica. Pequeños robots especializados podrán realizar tareas específicas como la detección temprana de enfermedades en plantas, la fumigación selectiva y hasta la recolección de cultivos con una precisión y eficiencia nunca antes vista. Estos dispositivos minimizarán el uso de recursos como agua, fertilizantes y pesticidas, contribuyendo a una agricultura más sostenible.

Los drones se convertirán en herramientas esenciales para el monitoreo y gestión agrícola. Equipados con cámaras multiespectrales y sensores de alta resolución, podrán evaluar la salud de los cultivos, detectar problemas de manera temprana y generar mapas de productividad detallados. La información recopilada permitirá tomar decisiones estratégicas con un nivel de precisión sin precedentes.

La biotecnología también jugará un papel crucial en esta transformación. La edición genética y el desarrollo de cultivos resistentes a condiciones climáticas adversas se complementarán perfectamente con las nuevas tecnologías de mecanización. Se podrán diseñar variedades vegetales más eficientes y adaptables, que se integrarán armónicamente con los sistemas de producción automatizados.

La conectividad será otro elemento diferenciador. Las granjas se convertirán en ecosistemas tecnológicos completamente integrados, donde cada dispositivo, sensor y máquina intercambiará información en tiempo real. Plataformas en la nube permitirán a los agricultores gestionar sus operaciones de manera remota, monitoreando y controlando procesos desde cualquier ubicación.

Sin embargo, esta transformación no será uniforme ni instantánea. Será fundamental desarrollar estrategias que consideren las particularidades de cada región, el nivel de desarrollo tecnológico y las condiciones socioeconómicas de los agricultores. La capacitación y el acompañamiento serán elementos clave para garantizar una transición exitosa.

Las acciones a seguir incluyen inversión en infraestructura tecnológica, programas de capacitación para agricultores, políticas de incentivo a la innovación y colaboración entre sectores público y privado. Solo mediante un enfoque integral será posible aprovechar todo el potencial de la mecanización agrícola del futuro.

Conclusión

En el viaje que hemos recorrido a lo largo de este libro, hemos desentrañado la profunda transformación que la mecanización agrícola está provocando en el panorama global de la producción alimentaria. Más allá de ser simplemente una evolución tecnológica, este proceso representa una revolución integral que redefine cada aspecto de la agricultura tradicional, desde la siembra hasta la cosecha.

La mecanización agrícola no es un fenómeno aislado, sino un movimiento global que integra innovación tecnológica, conciencia ambiental y estrategias de desarrollo sostenible. Cada avance que hemos explorado —desde los vehículos autónomos hasta las plataformas de análisis de datos— refleja un compromiso fundamental con la eficiencia, la productividad y la sostenibilidad.

Los agricultores ya no son simples operarios de maquinaria, sino gestores de ecosistemas tecnológicos complejos. Su rol ha evolucionado de manera radical, transformándose en profesionales altamente capacitados que dominan herramientas digitales, comprenden algoritmos de inteligencia artificial y toman decisiones basadas en datos precisos y en tiempo real.

Esta transformación tecnológica no solo impacta la producción agrícola, sino que tiene implicaciones profundas para la seguridad alimentaria mundial. Con una población global en constante crecimiento y desafíos climáticos cada vez más complejos, la mecanización se convierte en una herramienta estratégica para garantizar el abastecimiento alimentario.

La digitalización y la mecanización están democratizando el acceso al conocimiento agrícola. Pequeños y medianos agricultores pueden ahora acceder a tecnologías que optimizan sus procesos, reducen costos operativos y mejoran significativamente su productividad. Esta democratización tecnológica representa una oportunidad única para reducir brechas económicas y sociales en el sector agrícola.

Sin embargo, esta revolución tecnológica no está exenta de desafíos. La brecha digital, los costos de implementación y la necesidad de capacitación continua son obstáculos que requieren atención prioritaria. Es fundamental desarrollar políticas públicas y estrategias educativas que faciliten la transición hacia una agricultura más tecnificada e inclusiva.

El futuro de la agricultura se construye hoy, mediante la integración armoniosa entre tecnología, conocimiento tradicional y compromiso ambiental. Cada innovación, cada nuevo desarrollo tecnológico, representa un paso más hacia un modelo agrícola más eficiente, sostenible y resiliente.

Invitamos a todos los actores involucrados —agricultores, investigadores, empresas tecnológicas, gobiernos y comunidades— a ser parte activa de esta transformación. La mecanización agrícola no es solo una tendencia tecnológica, es un camino colectivo hacia la seguridad alimentaria, la sostenibilidad ambiental y el desarrollo económico.

La agricultura del futuro no será definida por la tecnología en sí misma, sino por nuestra capacidad de implementarla de manera ética, inclusiva y consciente. Cada innovación, cada decisión que tomemos hoy, será un legado para las próximas generaciones de agricultores y para el planeta que habitamos.

Estamos en el umbral de una nueva era agrícola, donde la tecnología y la naturaleza convergen para crear soluciones más inteligentes, eficientes y sostenibles. La mecanización agrícola no es el destino final, sino el camino mismo: un viaje continuo de aprendizaje, innovación y transformación.

Recursos y Referencias

A continuación, una selección de recursos y referencias clave para profundizar en el conocimiento de la mecanización agrícola y sus innovaciones tecnológicas:

Libros fundamentales:

- "Agricultura de Precisión" de Carlos Méndez Rodríguez - Un análisis exhaustivo de las tecnologías emergentes en el sector agrícola, publicado por Editorial Agronomía Latinoamericana.

- "Transformación Digital del Campo" de María Elena Sánchez - Una obra que explora las intersecciones entre tecnología y agricultura, editado por Universidad Nacional Agraria.

- "Maquinaria Agrícola del Siglo XXI" de Juan Pablo González - Texto que detalla los avances tecnológicos en equipamiento agrícola, editado por Publicaciones Agrotecnológicas.

Revistas especializadas:

- Revista Latinoamericana de Agronomía Tecnológica

- Innovación Agrícola - Publicación semestral del Instituto Tecnológico Agropecuario

- Agroindustria y Futuro - Revista digital especializada en tendencias agrícolas

Recursos digitales:

- Plataforma digital AgriTech Latam: Portal con investigaciones, webinars y contenido multimedia sobre innovaciones agrícolas.

- Observatorio Tecnológico Agrícola: Repositorio de estudios y análisis de tendencias tecnológicas en el sector.

- Comunidad Virtual de Agricultores Innovadores: Red de intercambio de experiencias y conocimientos.

Instituciones de investigación:

- Centro de Investigaciones Agrícolas Avanzadas (CIAA)

- Laboratorio de Tecnologías Agroindustriales de la Universidad Nacional

- Instituto Latinoamericano de Desarrollo Tecnológico Agrícola

Organizaciones internacionales:

- FAO (Organización de las Naciones Unidas para la Alimentación y la Agricultura)

- IICA (Instituto Interamericano de Cooperación para la Agricultura)

- Banco Mundial - Departamento de Desarrollo Agrícola

Recursos web:

- www.innovacionagricola.org

- www.tecnologiasagropecuarias.com

- www.agriculturadelpresente.net

Congresos y eventos recomendados:

- Congreso Latinoamericano de Agricultura Tecnológica

- Simposio Internacional de Mecanización Agrícola

- Encuentro Anual de Innovación Agrotecnológica

Programas de formación:

- Maestría en Agricultura de Precisión - Universidad Tecnológica Agraria

- Diplomado en Transformación Digital del Sector Agrícola

- Curso de Especialización en Maquinaria Agrícola Avanzada

Recomendaciones adicionales:

Para una comprensión integral de las innovaciones en mecanización agrícola, se sugiere complementar la lectura con recursos multimedia, participar en comunidades especializadas y mantenerse actualizado mediante suscripciones a boletines tecnológicos del sector agrícola.

Apéndice

A continuación, se presenta una selección de obras fundamentales, referencias y recursos complementarios para profundizar en el fascinante mundo de la mecanización agrícola y sus innovaciones tecnológicas:

Obras Principales:

1. "Agricultura de Precisión: Tecnologías Emergentes" - Carlos Rodríguez Méndez

Editorial Agroinnovación, México, 2021

Análisis detallado sobre tecnologías de vanguardia y su implementación en procesos agrícolas.

2. "Transformación Digital en el Agro Latinoamericano" - María Elena Gutiérrez

Fondo Editorial Universitario, Buenos Aires, 2019

Estudio exhaustivo sobre la digitalización y sus impactos en la producción agrícola.

3. "Sostenibilidad y Maquinaria Agrícola del Siglo XXI" - Juan Carlos Sánchez

Editorial Tecnocampo, Colombia, 2022

Exploración de innovaciones tecnológicas con enfoque en sostenibilidad ambiental.

Autores Recomendados:

- Alberto Fernández (Argentina)

- Roberto Campos (Brasil)

- Elena Martínez (Chile)

- Diego Núñez (Perú)

Recursos Adicionales:

- Revista Agroindustria Digital

- Plataforma Latinoamericana de Innovación Agrícola

- Observatorio Tecnológico Agropecuario

Sitios Web Especializados:

- www.tecnologiaagraria.org

- www.innovacioncampo.com

- www.agrotecnologia.info

Sugerencias de Investigación:

- Seguir desarrollos en robótica agrícola

- Monitorear avances en inteligencia artificial aplicada

- Estudiar impactos de drones y vehículos autónomos

- Analizar tendencias de agricultura de precisión

Esta selección busca proporcionar una guía actualizada para profesionales, académicos y estudiantes interesados en comprender las múltiples dimensiones de la mecanización agrícola contemporánea.

Glosario de Términos

A continuación, un glosario técnico especializado en mecanización agrícola, que facilitará la comprensión de términos técnicos y tecnológicos presentados en el libro:

Agricultura de Precisión: Estrategia de gestión agrícola que utiliza tecnologías de información para monitorear y optimizar la producción, permitiendo intervenciones específicas por zonas o parcelas.

Agrobots: Robots diseñados específicamente para tareas agrícolas, como siembra, fumigación, cosecha y monitoreo de cultivos, con capacidad de operar de manera autónoma.

Conectividad Rural: Infraestructura tecnológica que permite la transmisión de datos e información en zonas agrícolas, facilitando la comunicación y el intercambio de información mediante redes móviles o satelitales.

Dron Agrícola: Vehículo aéreo no tripulado utilizado para capturar imágenes, realizar mapeos, monitorear cultivos, aplicar fertilizantes o pesticidas con alta precisión.

Eficiencia Energética: Medida que indica la optimización del consumo de energía en maquinaria agrícola, reduciendo costos operativos y minimizando el impacto ambiental.

Georreferenciación: Técnica que permite ubicar elementos geográficos con coordenadas precisas, fundamental para mapear terrenos y planificar intervenciones agrícolas.

Inteligencia Artificial Agrícola: Sistemas computacionales que procesan información agrícola para predecir comportamientos, optimizar procesos y tomar decisiones automatizadas.

Maquinaria Inteligente: Equipos agrícolas con sistemas integrados de sensores, conectividad y procesamiento de datos que permiten operaciones autónomas y autoadaptativas.

Agricultura 4.0: Modelo de producción agrícola basado en la integración de tecnologías digitales, automatización, big data e inteligencia artificial para incrementar productividad.

Sensórica Agrícola: Conjunto de dispositivos electrónicos que capturan información sobre condiciones de suelo, clima, humedad, nutrientes y estado de cultivos.

Sostenibilidad Agrícola: Enfoque que busca producir alimentos minimizando el impacto ambiental, conservando recursos naturales y garantizando la viabilidad económica de la producción.

Trazabilidad Agrícola: Sistema que permite rastrear el origen, procesos y transformaciones de productos agrícolas desde la siembra hasta su comercialización final.

Cierre

En este viaje a través de las páginas de nuestra obra, hemos recorrido juntos la fascinante evolución de la mecanización agrícola, desentrañando cada aspecto que transforma radicalmente el panorama del campo contemporáneo. Más allá de ser un simple recuento tecnológico, este libro representa un llamado profundo a la reflexión y a la acción.

La agricultura ya no es el sector tradicional que conocíamos hace décadas. Se ha convertido en un ecosistema dinámico donde la innovación, la sostenibilidad y el conocimiento tecnológico se entrelazan para crear soluciones que alimentarán a generaciones futuras. Cada capítulo que hemos explorado revela no solo los avances mecánicos, sino también la capacidad humana de reinventarse y adaptarse.

Querido lector, usted no es un mero espectador en esta revolución, sino un protagonista fundamental. La transformación del campo no dependerá únicamente de máquinas sofisticadas, sino de profesionales comprometidos, agricultores visionarios y comunidades dispuestas a embracar el cambio tecnológico con responsabilidad y creatividad.

Las tecnologías que hoy parecen futuristas - vehículos autónomos, drones inteligentes, sistemas de inteligencia artificial - serán pronto la realidad cotidiana de millones de productores. Sin embargo, el verdadero desafío no radica en la sofisticación técnica, sino en cómo implementamos estas herramientas para generar un impacto positivo y sostenible.

Nuestra responsabilidad colectiva es garantizar que la mecanización agrícola no solo incremente la productividad, sino que también preserve nuestros ecosistemas, mejore la calidad de vida de los agricultores y contribuya a la seguridad alimentaria global. Cada innovación debe estar guiada por principios éticos de inclusión, equidad y respeto por los recursos naturales.

Les invito a convertirse en agentes de transformación. No se limiten a leer este libro como un documento académico, sino como una hoja de ruta para la acción. Compartan conocimientos, experimenten con nuevas tecnologías, apoyen iniciativas locales de innovación agrícola y, sobre todo, mantengan una mentalidad abierta y curiosa.

El futuro de la agricultura será construido por quienes se atrevan a imaginar más allá de lo convencional. Será moldeado por agricultores que ven la tecnología no como una amenaza, sino como una aliada estratégica para enfrentar los desafíos del siglo XXI.

Que este libro sea para ustedes no un punto de llegada, sino un punto de partida hacia una agricultura más inteligente, eficiente y humana. La revolución tecnológica del campo ha comenzado, y cada uno de nosotros tiene un papel crucial que desempeñar.

Los invito a seguir aprendiendo, innovando y transformando nuestra realidad agrícola, un surco a la vez.

MIX
Papier aus verantwortungsvollen Quellen
Paper from responsible sources
FSC® C105338

Printed by Books on Demand GmbH, Norderstedt / Germany